安徽省土木建筑学会标准

工程勘察土工试验室建设与管理标准

Standard for Construction and Management of
Geotechnical Laboratory for Engineering Investigation

T/CASA 0008—2022

合肥工业大学出版社

图书在版编目(CIP)数据

工程勘察土工试验室建设与管理标准/安徽省土木建筑学会发布.
—合肥:合肥工业大学出版社,2023.4
ISBN 978-7-5650-6316-9

Ⅰ.①工… Ⅱ.①安… Ⅲ.①建筑工程—地质勘探—实验室—
建设②建筑工程—地质勘探—实验室—管理—标准 Ⅳ.①TU19-33

中国国家版本馆 CIP 数据核字(2023)第 062291 号

工程勘察土工试验室建设与管理标准

GONGCHENG KANCHA TUGONG SHIYANSHI JIANSHE YU GUANLI BIAOZHUN

安徽省土木建筑学会 发布

责任编辑	刘 露	
出版发行	合肥工业大学出版社	
地　址	(230009)合肥市屯溪路 193 号	
网　址	www.hfutpress.com.cn	
电　话	理工图书出版中心:0551-62903204	
	营销与储运管理中心:0551-62903198	
开　本	850 毫米×1168 毫米　1/32	
印　张	2.25	
字　数	53 千字	
版　次	2023 年 4 月第 1 版	
印　次	2023 年 4 月第 1 次印刷	
印　刷	安徽联众印刷有限公司	
书　号	ISBN 978-7-5650-6316-9	
定　价	49.00 元	

如果有影响阅读的印装质量问题,请与出版社营销与储运管理中心联系调换。

安徽省土木建筑学会文件

皖建学字〔2022〕24 号

关于批准《工程勘察土工试验室建设与管理标准》为
安徽省土木建筑学会工程建设团体标准的公告

现批准《工程勘察土工试验室建设与管理标准》为安徽省土木建筑学会工程建设团体标准（统一编号：T/CASA 0008—2022），该标准自2022年12月10日起实施。

该标准由安徽省土木建筑学会组织出版发行。

安徽省土木建筑学会

2022 年 11 月 29 日

前　言

根据安徽省土木建筑学会《关于批准〈工程勘察土工试验室建设与管理标准〉团体标准立项的通知》（皖建学字〔2022〕06 号）以及《安徽省土木建筑学会标准管理办法（暂行）》（皖建学字〔2019〕2 号）文件的要求，编制本标准。标准编制组开展了广泛的调查研究，总结安徽省工程勘察土工试验室建设与管理过程中的工作实践经验，在参考国内其他省市相关标准、规定的基础上，开展专题研究，并广泛征求了有关方面的意见，对具体内容进行反复研讨、协调和修改，最终审查定稿。

本标准共分 10 章，主要内容是：总则；术语；基本规定；试验室建设；人员；仪器设备和环境；过程质量控制；管理制度；信息化；档案。

本标准由安徽省土木建筑学会负责归口管理，由合肥工业大学设计院（集团）有限公司负责具体技术内容的解释。执行过程中如有意见或建议，请微信扫描右方的二维码或寄信至合肥工业大学设计院（集团）有限公司（地址：安徽省合肥市包河区花园大道 369 号，合肥工业大学智能制造研究院 B 区 2 楼，邮箱：1289053784@qq.com，联系电话：0551－62903011）。

主编单位：合肥工业大学设计院（集团）有限公司
合肥市绿色建筑与勘察设计协会

参编单位：安徽省城建设计研究总院股份有限公司
安徽省金田建筑设计咨询有限责任公司
安徽工程勘察院有限公司
安徽建材地质工程勘察院有限公司
安徽省交通勘察设计院有限公司
合肥市勘察院有限责任公司
安徽建筑大学设计研究总院有限公司
机械工业勘察设计研究院有限公司
蚌埠市勘测设计研究院
中铁时代建筑设计院有限公司
安徽省阜阳市勘测院有限公司

主要起草人员：郭兆清　甄茂盛　赵贵生　葛　凌
王小勇　贺炎九　胡学林　张万涛
陈　健　左丽华　刘　飞　陈　艳
周伟明　汪　磊　王金辉　刘　毅
高程东　程小朋　王邓嵋　李永奎

主要审查人员：林　宾　杨成斌　张　胜　曹先富
程韶清　吴君虎

目　　次

Contents

1 总 则

1.0.1 为加强对建设工程勘察质量管理、规范工程勘察土工试验室建设、强化土工试验过程质量控制、保证土工试验成果的准确可靠，制定本标准。

1.0.2 本标准适用于安徽省行政区域内涉及房屋建筑和市政基础设施工程勘察的土工试验室建设及相关管理活动。

1.0.3 工程勘察土工试验室的建设与管理除应符合本标准外，尚应符合国家、行业和安徽省现行相关标准的规定。

2　术　语

2.0.1　土工试验　Geotechnical test

对工程勘察中岩、土、水的物理、力学、化学性质和矿物指标进行的测试活动。

2.0.2　土工试验室　Geotechnical laboratory

为工程勘察进行室内土工试验工作的检测机构或测试部门。

2.0.3　检定　Verification

查明和确认测量仪器符合法定要求的活动，它包括检查、加标记和/或出具检定证书。

2.0.4　校准　Calibration

在规定条件下的一组操作。其第一步是确定由测量标准提供的量值与相应示值之间的关系，第二步则是用此信息确定由示值获得测量结果的关系，这里测量标准提供的量值与相应示值都具有测量不确定度。

2.0.5　原始记录　Original record

土工试验过程中，客观、真实地记录试验过程信息所形成的文件。

2.0.6　影像资料　Image data

通过拍照和摄像等手段采集并储存土工试验过程的一类文件。

2.0.7　影像留存　Image keeping

土工试验过程中直接形成的，以照片、存储介质为载体，以影像为反映方式，辅以文字说明，具有可追溯性的真实记录。

2.0.8 勘察信息化管理平台 Investigation informatization management platform

以目前成熟的互联网技术与勘探测试生产作业进行紧密融合，将项目管理、地质调绘、外业勘探、土工试验、内业数据处理、成果归档等工作进行信息化集成的一种管理平台。

2.0.9 试验档案 Test record files

土工试验室建设与管理过程中以及土工试验过程中直接形成的各种形式的具有保存价值的原始记录。

3 基本规定

3.0.1 土工试验应遵循客观独立、公平公正和诚实守信的原则。

3.0.2 土工试验室应具备相应的专业人员、仪器设备、试验场所和环境条件,其承担的土工试验工作应与其土工试验能力相适应。

3.0.3 土工试验室对外承接土工试验业务,本企业必须取得岩土工程(勘察)甲级及以上资质,提交的成果应有单位公章和责任人签章。

3.0.4 在皖开展岩土工程勘察业务的企业应在皖建立土工试验室,或委托本地有资格的土工试验室承担土工试验工作。

3.0.5 土工试验室应经达标验收合格后方能出具土工试验报告。

3.0.6 土工试验的测试方法应采用现行的标准进行测试。

3.0.7 土工试验专职人员应经培训合格后持证上岗,并定期接受继续教育。

3.0.8 土工试验使用的仪器设备,应定期进行检定和校准。

3.0.9 土工试验相关的计算机软件应确认其适用性。

3.0.10 土工试验原始记录应及时、完整,试验成果应准确、有效。

3.0.11 土工试验应采用影像留存的方式对主要试验过程进行记录。

3.0.12 土工试验主要过程应采用信息化管理。

3.0.13 土工试验室应执行环境、安全保护相关规定。

3.0.14 土工试验应执行有关保密管理规定。

3.0.15 土工试验室日常试验过程中应开展质量控制及质量检查工作。

3.0.16 土工试验室应积极配合相关行业部门的监督检查,及时提供人员、仪器设备、收样、试验过程资料及成果资料等台账备查。

4 试验室建设

4.1 分类及建设

4.1.1 工程勘察的土工试验室，根据技术人员、场地规模、仪器设备能力、是否具有对外承接土工试验业务的相应资质等进行分类。

4.1.2 土工试验室设一类、二类两个类别。不同类别的土工试验室应满足附录 A《工程勘察土工试验室建设分类标准明细表》的相应要求。

4.1.3 一类土工试验室可承担本企业工程勘察项目的土工试验业务，同时根据勘察项目所在地要求可以对外承接其资质许可范围内的土工试验业务；二类土工试验室只可承担本企业工程勘察项目的土工试验业务，不得对外承接土工试验业务。

4.1.4 一类土工试验室须具有较完备的工程勘察土工试验条件，本企业必须取得岩土工程（勘察）甲级及以上资质；技术负责人具有本专业或相关专业大专及以上学历，从事土工试验工作 5 年以上且具备高级专业技术职称，或从事土工试验工作 10 年以上且具备中级及以上专业技术职称；专职试验人员不少于 5 人，其中助工及以上专业技术人员不少于 3 名；专职试验人员需持主管部门组织认定的岗位培训合格证书或具有职业技能鉴定资格单位颁发的职业技能岗位证书上岗。

4.1.5 二类土工试验室须具有基本的工程勘察土工试验条件，本企业必须取得岩土工程（勘察）资质；技术负责人具有本专业或相关专业大专及以上学历，从事土工试验工作 3 年以上且具备高级专业技术职称，或从事土工试验工作 5 年以上且具备中级及以上专业技术职称；专职试验人员不少于 2 人，其中助工及以上专业技术人员或 5 年以上土工试验经历的技术员不少于 1 名；专职试验人员需持主管部门组织认定的岗位培训合格证书或具有职业技能鉴定资格单位颁发的职业技能岗位证书上岗。

4.2 检查验收

4.2.1 申请土工试验室资格的单位，须具备岩土工程（勘察）资质。

4.2.2 土工试验室的验收应按照分类标准的规定，根据从事土工试验企业按附录 B《工程勘察土工试验室资格申请表》提出的申请材料，由安徽省土木建筑学会组织认定。

4.2.3 经综合考评，符合分类标准要求的土工试验室，认定为合格并取得土工试验室资格类别证书和土工试验成果专用章，方可投入使用，开展对应类别的工程勘察土工试验业务。证书样本和专用章样章见附录 C 和附录 D。

5 人 员

5.1 一般规定

5.1.1 土工试验室人员按岗位的不同由土工试验室负责人、技术负责人、校核人和专职试验人员四类组成。

5.1.2 土工试验室人员应具备所需的专业知识、经验及岗位能力，人员配置的结构、数量应满足工作类型、工作范围和工作量的需要。

5.1.3 试验人员应公正公平，确保试验测试数据、结果的真实、客观和准确。

5.1.4 土工试验室人员的组成应满足附录 E《土工试验室人员资历与能力要求表》的相应要求。

5.2 岗位职责

5.2.1 土工试验室负责人应履行以下职责：

　　1 全面负责土工试验室管理工作；

　　2 负责试验工作相关要素的保障，保证试验工作的正常开展；

　　3 组织制定和落实试验规章制度、试验流程，确保试验质量，对试验全过程能有效控制和监管；

　　4 指导试验成果、原始数据及影像资料归档保存。

5.2.2 技术负责人应履行以下职责：

　　1 负责技术和质量管理工作，贯彻执行技术标准；

2 制定和完善技术规章制度，提升试验工作水平；

3 对土工试验进行全面的技术指导；

4 负责技术人员的技术培训及考核；

5 组织编写试验项目实施细则和设备检查、操作、维护规程；

6 按授权范围对试验成果进行审批；

7 对送到试验室试样指导登记和接受；

8 对土工试验结果负技术总责；

9 对试验监控设备进行日常管理。

5.2.3 校核人员应履行以下职责：

1 负责对报告使用标准依据的正确性、内容完整性进行核查；

2 负责试验原始记录的校核，核查其内容、格式的符合性；

3 负责校核试验结果；

4 对校核无误的成果签字后提交技术负责人审批。

5.2.4 专职试验人员应履行以下职责：

1 对送到试验室试样进行登记和接受，负责检查来样是否符合要求；

2 正确执行土工试验标准、试验作业指导书、试验项目实施细则等规范和文件；

3 负责完成试验并认真记录试验原始数据；

4 负责仪器设备的使用、日常维护工作；

5 对试验成果签字后提交校核人校核；

6 负责对试验成果、原始数据及影像资料进行归类存档。

5.3 人员能力

5.3.1 土工试验室负责人应符合下列规定：

1 熟悉行业法律法规和相关政策,具备组织、协调、管理工作能力;

2 熟悉土工试验室的管理体系;

3 具备本专业或相关专业中级及以上职称。

5.3.2 技术负责人应符合下列规定:

1 具有全面的专业知识,具备对试验全过程进行技术指导和解决技术问题的能力;

2 具备较强的管理水平;

3 本专业或相关专业中级及以上职称,具有多年从事土工试验工作经验;

4 熟练掌握试验的技术标准、技术规范及相关的法律法规,熟悉试验程序和方法;

5 熟练掌握试验室内仪器设备的操作和性能特点。

5.3.3 校核人员应符合下列规定:

1 熟悉试验项目的技术标准;

2 熟悉试验仪器设备的操作和性能特点;

3 较强的工作责任心;

4 具有对测试数据成果校对和对数据异常的鉴别能力;

5 本专业或相关专业中级及以上职称。

5.3.4 专职试验人员应符合下列规定:

1 熟悉试验项目相关技术标准;

2 具备完成试验仪器的操作及维护的能力;

3 具有对测试数据进行整理的能力;

4 具有主管部门组织认定的岗位培训合格证书或具有职业技能鉴定资格单位颁发的职业技能岗位证书。

6 仪器设备和环境

6.1 一般规定

6.1.1 土工试验室试验采用的仪器设备其性能应符合现行国家标准《岩土工程仪器基本参数及通用技术条件》（GB/T 15406—2007）的有关规定。

6.1.2 土工试验仪器设备应满足试验工作的技术要求及精度要求。

6.1.3 土工试验室应具有固定的试验场所，其环境条件应满足试验要求。

6.1.4 土工试验室的仪器设备应按本标准附录F《土工试验室仪器设备配置表》配置。

6.2 仪器设备

6.2.1 土工试验室所配备仪器设备应包括土工试验所必需的仪器及配套软件、辅助设备及消耗品。

6.2.2 仪器设备应放置合理，摆放整齐。

6.2.3 仪器设备在投入使用前，应采用核查、检定或校准等方式，以确认其是否满足试验测试的要求。

6.2.4 仪器设备应设置有效标识，以便使用人员易于识别检定、校准的状态和有效期。

6.2.5 仪器设备应由经过授权的人员操作并对其进行正常维护。

6.2.6 仪器设备出现故障或异常时，应采取停止使用、隔离或加贴停用标签、标记等相应的措施，直至修复并通过检定、校准或核查表明其能正常工作为止。

6.3 环 境

6.3.1 土工试验室应集中设置。开样区、试验区、留样区、办公区相对独立且布局合理。

6.3.2 土工试验室应有完善的给排水、电气、通风、除尘、消防、防爆等设施，保证试验人员的健康卫生和安全。废水、废气、固体废弃物的处置应符合卫生与环境保护的要求。

6.3.3 土工试验室应保持清洁卫生、整齐规范。

6.3.4 试验区应禁止无关人员进入。

6.3.5 开样区、试验区应符合试验环境要求，具有相应的温湿度控制设施。

6.3.6 仪器设备应放置稳固，给排水管道和电器线路连接规范。

6.3.7 土试样试验区的设施和环境应满足以下要求：

    1 对有粉尘的试验，应采取通风防尘措施；

    2 对振动较大的设备，应采取减振隔离措施；

    3 对高温加热设备，应防止灼伤，并采取隔离措施。

6.3.8 岩石试样试验区的设施和环境应满足以下要求：

    1 噪声、震动较大的设备，应采取隔离措施；

    2 对有粉尘的试验，应采取防尘及通风措施；

    3 废弃物应存放在固定的场所，并按规定处置。

6.3.9 水质分析试验区的设施和环境应满足以下要求：

1 水质分析试验区应与办公区和其他试验区分开设置；

2 仪器设备放置合理，不应相互干扰；

3 化学试剂的使用、存贮、处置应符合危化用品存贮及管理的要求。

7 过程质量控制

7.1 一般规定

7.1.1 土工试验过程质量控制方式包括试验抽查、样品重复分析、样品加标分析等。

7.1.2 土工试验室宜使用质量可靠的具有自动记录功能的仪器设备，提高试验成果质量。

7.1.3 土工试验的项目、方法和依据的技术标准应根据勘察目的、场地地质条件、任务书或项目合同确定。非标准的试验应有试验设计。同一项目有多种试验方法时，试验报告中应注明试验方法。

7.2 试样接收和保管

7.2.1 试样接收应符合下列规定：

    1 委托方应完整填写委托书或送样单；

    2 委托书或送样单的内容应包括委托方名称、联系人、联系方式、工程名称、工程编号、试样编号、试样名称、取样位置、取样日期、送样日期、试验项目等信息，必要时应说明试验方法和技术要求。表单格式可参照本标准附录 G《土工试验送样表单（外委试验委托书）》；

    3 土工试验室接到委托任务后，应核对委托书或送样表单信息与试样信息，条件满足后接收试样；

4 土工试验室应对接收的试样进行鉴别，试样的尺寸、质量等级、贮存时间等满足试验内容的要求方能进行试验，否则应废弃或降低级别使用；

5 试样接收后登记编号，并由委托方和试验方签字确认；

6 土工试验室根据委托书或送样表单的要求以及技术标准编制项目试验任务分配单。

7.2.2 试样保管应符合下列规定：

1 试样应妥善存放，试样的摆放方式及其存放环境条件应符合样品保管的要求；

2 岩土试样采取之后到开土试验之间的贮存时间，不应超过两周；对于易振动液化、水分离析的砂土试样及易于扰动的软土，不应超过一周；

3 水试样取样之后到试验之间的贮存时间，清洁水试样放置时间不应超过 72 小时，稍受污染的水试样不应超过 48 小时，受污染的水试样不应超过 12 小时，特殊水分析样品保存时间不应超过分析项目规定的时间要求。

7.3 试 验

7.3.1 试验前准备应符合下列规定：

1 试验人员领取项目试验任务单；

2 试验人员根据委托单或送样表单的信息进行试验项目及试验方法的核对与确认；

3 核查试验所需设备，保证试验设备工作正常并能满足试验精

度要求;

4 核查试验用工具、试剂、水、耗材等满足试验工作要求及相关技术标准的要求;

5 试验人员领取试样,并确认试样满足试验要求;

6 采样数量应满足要求进行的试验项目和试验方法的需要,常规试验项目采样的数量应遵从现行《土工试验方法标准》(GB/T 50123—1999)附录 B 表 B.0.1 的相关规定。

7.3.2 试验过程应符合下列规定:

1 按试验项目的技术要求进行试样制备;

2 按照技术标准和试验任务单的要求进行试验;

3 试验过程中应及时、真实、清晰地填写试验记录;

4 试验信息应填写完整,信息充分;

5 试验操作、记录和计算的责任人应在试验记录中签字;

6 试验结束后,应按卫生与环境保护的要求对包装物、废水、废气及固体废弃物进行处置。

7.3.3 试验成果整理应符合下列规定:

1 试验资料应进行正确的数据分析和整理。整理时对试验资料中明显不合理的数据,应通过研究,分析原因(试样的代表性、试验过程中出现异常情况等),或在有条件时,进行一定的补充试验后,可对可疑数据进行取舍或改正。

2 试验人员将试验记录按规范要求完成试验数据的计算处理,编制试验成果报告。

3 校核人应对试验成果及原始记录进行校核。

4 技术负责人应对提交的试验成果进行审查,并核查试验采用标准的符合性、数据整理的准确性和试验成果的完整性等内容,确认通过后签发。

7.3.4 试样留存及处置应符合下列规定：

1 岩、土、水试样在试验后或试验前应采样留存，储存于适当容器内，并标记工程名称和室内试样编号，妥善保管，以备审核试验成果之用。每一项目留样数不宜少于总数的 10%，每种试样不应少于 1 个。土性鉴别样一般保存到试验报告提出 3 个月以后，委托单位对试验报告未提出任何疑义时，方可处理。

2 处理留存的试样时应考虑其对环境的污染、卫生等要求。

7.4 试验成果

7.4.1 试验成果报告宜格式统一、内容完整、数据准确，试验操作、记录和计算的责任人以及校核人和技术负责人应在试验成果报告中签字。

7.4.2 试验成果报告应包括项目名称、委托方名称、报告编号、样品名称、试验单位名称、试验时间、试验内容、试验方法及依据的技术标准、试验数据等内容。

7.4.3 试验成果报告中试验测试数据应采用法定的计量单位。

7.4.4 土工试验由本企业的土工试验室承担时，出具的试验成果报告应加盖本企业土工试验室成果印章。当土工试验委托其他单位时，受委托单位提交的试验成果报告应有该单位公章及资质证书章。

8 管理制度

8.0.1 土工试验室应结合土工试验技术要求和质量管理需要，建立质量管理体系并形成体系文件，加以实施和保持并持续改进其有效性。

8.0.2 土工试验室应制定并加以完善与试验相关各要素的管理制度，保障土工试验工作质量。

8.0.3 土工试验室应制定土工试验过程处于可控状态的组织管理制度，保证能独立开展土工试验工作，确保试验数据和成果的真实性、客观性、准确性和可追溯性。

8.0.4 土工试验室应制定技术人员和管理人员的岗位职责、岗位能力确认的人员管理制度。

8.0.5 土工试验室应制定技术人员和管理人员行为规范制度，严格遵守工作程序和职业道德，抵制干扰，保证试验测试数据的真实性和判断的独立性。

8.0.6 土工试验室应制定土工试验仪器设备管理、维护保养、检修、校准、检定与验收等设备管理制度。

8.0.7 土工试验室应制定土工试验仪器设备使用与操作规程等设备使用程序流程制度。

8.0.8 土工试验室应制定样品接收和管理、试验方法依据确认、试验过程控制、试验质量控制、留样管理、弃样处理等试验管理制度。

8.0.9 土工试验室应制定环境卫生、消防设施、防火防盗、高温烘箱等用电安全、内务管理等环境安全管理制度。

8.0.10 土工试验室应制定化学危险物品、易燃易爆物品、剧毒物品等特殊物品的存放保管、领用与使用、报废处理、废弃溶剂与废渣收集排放处理，人员防护与应急处理等管理制度。

8.0.11 土工试验室应制定试验项目清单台账、仪器设备维护保养与使用记录、仪器设备标识、仪器设备档案、试验人员档案、原始试验记录数据检验复核保存、试验纸质与电子数据保存、出具试验成果等文件管理制度。

8.0.12 土工试验室应制定及时查新与更新有关土工试验工作的政策、法令、文件、法规和规定以及试验依据标准等试验依据的更新管理制度。

9 信息化

9.0.1 试验设备中的固结仪、三轴仪和四联直剪仪宜具有自动数据采集功能，以提高土工试验室的自动化水平，逐步实现试验数据实时上传功能。对暂时无法进行自动数据采集的试验项目应建立台账，由记录人签字并填写记录时间。

9.0.2 土工试验室对来样的接收和管理应采用信息化手段，实现岩、土、水样接收和签认电子化。

9.0.3 土工试验室名称、地址、主要人员、主要设备、资格类别证书等相关信息应在当地工程勘察信息化管理平台上报备。

9.0.4 土工试验室应安装视频监控设备，且监控设备应覆盖开土区、固结、剪切、液塑限、颗分、水土腐蚀性分析、岩石强度试验等主要工作区域。监控设备应与当地工程勘察信息化管理平台对接并实时上传，同时采用影像留存的方式对主要试验过程进行记录和保存。

9.0.5 建立土工试验监管 App，土工试验各环节的原始试验数据应做好保存，固结试验和直剪试验的自动采集数据同步上传到当地工程勘察信息化管理平台。必要时需上传如下原始资料：

  1 委托书或送样表单；

  2 土（岩、水）样接收记录单及开土（岩、水）计划表；

  3 开土记录表或土样描述记录表；

  4 含水率试验原始记录表；

  5 密度试验原始记录表；

6 三轴剪切试验原始记录及曲线；

7 液塑限试验原始记录表；

8 颗粒分析原始记录表；

9 除上述资料以外的其他原始记录。

9.0.6 土工试验室开土前应拍照并上传到当地工程勘察行业信息化平台，具体要求执行勘察质量监管的相关规定。

9.0.7 建立土工试验仪器设备的信息化检定和校核台账。

10 档 案

10.0.1 土工试验室应按本标准及有关规定建立土工试验的档案资料,整理并归档保存完整的纸质资料,留存必要的影像资料,并应可追溯。

10.0.2 土工试验室应指定专人或兼职人员负责管理档案资料,并按照文件资料性质分类、编号、设卡存放。

10.0.3 土工试验室应建立人员档案资料,主要包括:任命文件;人员的学历、职称、资格、职责等。

10.0.4 土工试验室应建立仪器设备档案资料,主要包括:仪器设备台账清单、操作流程;仪器设备的出厂合格证、说明书、检定校核证书、使用记录、维修保养记录等。

10.0.5 每个项目的试验存档资料一般应包括(但不限于)下列各项:

   1 委托书或送样表单;

   2 开样、留样和弃样记录;

   3 各类试验原始记录;

   4 试验过程中的影像资料;

   5 试验成果报告;

   6 其他。

10.0.6 土工试验成果的保密要求一般应包括(但不限于)下列各项:

   1 委托方有特别保密要求时,应签订保密协议;

2 涉及项目的技术资料，要严格遵守相关保密规定；

3 与试验无关的人员未经许可不得查阅原始记录和成果报告；

4 原始记录和试验成果未经许可不得复制。

10.0.7 土工试验影像资料的拍摄、存储格式应满足《建设工程声像信息服务规范》（DB34/T 3324—2019）中的相关要求。

10.0.8 土工试验成果的借阅和归还应符合以下规定：

1 本企业人员因工作需要查阅文档资料时，原则上只能在档案室查阅，需要借出时须经土工试验室负责人批准并明确归还期限；

2 外单位人员查阅文档资料时，须持单位介绍信并经单位负责人批准，只限在档案室内查阅。

10.0.9 土工试验成果的保管期限和销毁应符合相关法律法规的规定。有电子档的可以电子化存档。

附录 A

工程勘察土工试验室建设分类标准明细表

（规范性）

工程勘察土工试验室建设分类标准明细见表 A.1 所列。

表 A.1　工程勘察土工试验室建设分类标准明细表

<table>
<tr><td colspan="3">类别
指标
内容</td><td>一　类</td><td>二　类</td></tr>
<tr><td colspan="3">资　历</td><td>从事土工试验 5 年以上</td><td>—</td></tr>
<tr><td colspan="3">实际使用面积</td><td>180 平方米以上</td><td>90 平方米以上</td></tr>
<tr><td rowspan="8">主要仪器设备</td><td rowspan="1">A</td><td>岩石试验设备</td><td>压力试验机或万能材料试验机 1 台，岩石点荷载仪试验设备、岩石磨石机各 1 台</td><td>—</td></tr>
<tr><td rowspan="7">B</td><td>1</td><td>中低压固结仪</td><td>30 台（自动采集系统）</td><td>15 台</td></tr>
<tr><td>2</td><td>高压固结仪</td><td>6 台（自动采集系统）</td><td>3 台</td></tr>
<tr><td>3</td><td>应变控制式三轴仪（静）</td><td>2 台（套）</td><td>1 台（套）</td></tr>
<tr><td>4</td><td>电动四联等应变直剪仪</td><td>2 台（套）（自动采集系统）</td><td>1 台（套）</td></tr>
<tr><td>5</td><td>单杠杆固结仪（用于膨胀土）</td><td>6 台</td><td>3 台</td></tr>
<tr><td>6</td><td>电热恒温鼓风干燥箱</td><td>2 台（套）</td><td>1 台（套）</td></tr>
</table>

指标 内容		类别	一　类	二　类
主要仪器设备	B	7 液塑限测定仪	2台（套）	1台（套）
		8 颗粒分析	土样分析筛1套、土壤密度计法或移液管法2套	土样分析筛1套，土壤密度计法或移液管法1套
		9 精密电子天平	1/100精度2台，1/1000精度1台	1/100精度1台，1/1000精度1台
		10 渗透仪	2（套）	1（套）
		11 箱式电阻炉	1台（套）	—
		12 无侧限抗压强度仪	1台（套）	—
		13 击实仪（重型）	1台（套）	—
		14 静止侧压力 K_0 试验仪或模块	1台（套）	—
		15 电脑、软件	有相匹配的电脑及专业软件	有相匹配的电脑及专业软件
	C	水（土）腐蚀性分析	有分析天平、pH计、滴定管、刻度吸管、电动振荡器、电动磁力搅拌器、离心机、水浴锅、各种规格量筒及各种化学试剂	—

（续表）

内容 \ 指标 \ 类别		一 类	二 类
人员要求	技术负责人	本专业或相关专业大专及以上学历，土试5年以上高工或土试10年以上工程师	本专业或相关专业大专及以上学历，土试3年以上高工或土试5年以上工程师
	专职试验人员	不少于5人，其中助工及以上技术人员不少于3人；并需持证上岗	不少于2人，其中助工及以上专业技术人员或5年以上土工试验经历的技术员不少于1人；并需持证上岗
管理制度		有健全的质量管理体系和完善的质量及档案管理制度	有健全的质量管理体系和完善的质量及档案管理制度
业绩及信誉		完成过5项甲级以上勘察项目的土工试验工作，无不良诚信记录	无不良诚信记录
资质条件		本企业必须具有岩土工程（勘察）甲级及以上资质	本企业必须具有岩土工程（勘察）资质

25

指标 类别 内容	一 类	二 类
信息化建设	可视化和试验数据实时上传	可视化和试验数据实时上传

注：①试验室应集中设置。开样区、试验区、留样区、办公区相对独立且布局合理；开样区、试验区符合试验环境要求，具有相应的温湿度控制设施。

②高中低压固结仪也可考核通道或者压力容器的数量，通道或者压力容器的考核数量标准为表列台数的2倍；二类试验室固结仪亦应尽量采用自动采集系统。主要仪器设备还应配备足够数量的环刀、铝盒等配套设备。

附录 B

工程勘察土工试验室资格申请表

（资料性）

工程勘察土工试验室资格申请表见表 B.1 所列。

表 B.1 工程勘察土工试验室资格申请表

企 业 基 本 情 况			
单 位 名 称			
通 信 地 址			
法 定 代 表 人		职 务	
邮 政 编 码		联 系 电 话	
勘 察 资 质 等 级		资 质 证 书 编 号	
土工试验室名称			
试验室技术负责人		职 称	
试验室总人数 （人）		试验室使用面积 （平方米）	

土工试验室业绩			
（申报一类土工试验室填写近 3 年至少五项甲级工程项目的土工试验业绩）			

序号	项目名称	勘察等级	完成时间	备注
...				

土工试验室技术负责人基本情况						
姓名		性别		年龄		照片
职务职称		执业资格		学历		
毕业院校及专业				毕业年份		

主要工作简历			
起止时间	工作单位	技术岗位	证明人及电话
……			

主要工作业绩					
序号	项目名称	起止时间	本人所起作用	项目完成单位	证明人及电话
…					

专职试验人员概况						
序号	姓　名	性别	年龄	职　称	从事测试工作年限	是否退休
…						

主要仪器设备清单（按标准排列顺序）		
序号	名　称	型　号
	…	

申请意见及申请类别：

（盖章）

年　月　日

×××审查意见：

（盖章）

年　月　日

附录 C

土工试验室资格类别证书样本

(资料性)

土工试验室资格类别证书样本见 C.1 所列。

C.1 土工试验室资格类别证书样本

×× 市工程勘察土工试验室资格类别证书

编号：××-TS×××

单位名称：××××××

土工试验室名称：××××××

类别：× 类

地址：××××××

土工试验室负责人：×××　　　　技术负责人：×××

使用范围：×× 市

有效期至：××××年××月××日

（章）

××××年××月××日

安徽省土木建筑学会

附录 D

土工试验成果专用章样章

（资料性）

土工试验成果专用章样章见 D.1 所列。

D.1 土工试验成果专用章样章

D.1.1 一类专用章样章

××市工程勘察土工试验专用章			
单位名称	××××××		
土试室名称	××××××		
类别	一类	编号	××-TS×××
使用范围	××市	有效期至	××××年××月××日
安徽省土木建筑学会			

D.1.2 二类专用章样章

××市工程勘察土工试验专用章			
单位名称	××××××		
土试室名称	××××××		
类别	二类	编号	××-TS×××
使用范围	××市	有效期至	××××年××月××日
安徽省土木建筑学会			

附录 E

土工试验室人员资历与能力要求表

（规范性）

土工试验室人员资历与能力要求见表 E.1 所列。

表 E.1　土工试验室人员资历与能力要求表

序号	类别	技术素养	从业能力
1	土工试验负责人	1. 岩土或相关专业； 2. 岩土或相关专业中级及以上职称	1. 熟悉行业法律法规和相关政策； 2. 具备组织、协调、管理工作能力； 3. 熟悉土工试验室的管理体系
2	技术负责人	1. 岩土或相关专业； 2. 岩土或相关专业中级及以上职称	1. 具有全面的专业知识，具备对试验全过程进行技术指导和解决技术问题的能力； 2. 具备较强的管理水平； 3. 多年从事土工试验工作经验； 4. 熟练掌握试验的技术标准、技术规范及相关的法律法规，熟悉试验程序和方法； 5. 熟悉试验室内仪器设备的操作和性能特点

序号	类别	技术素养	从业能力
3	校核人	1. 岩土或相关专业； 2. 岩土或相关专业中级及以上职称	1. 熟悉试验项目的技术标准； 2. 熟悉试验仪器设备的操作和性能特点； 3. 较强的工作责任心； 4. 具有对测试数据成果校对和对数据异常的鉴别能力
4	专职试验人员	具有主管部门组织认定的岗位培训合格证书或具有职业技能鉴定资格单位颁发的职业技能岗位证书	1. 熟悉试验项目相关技术标准； 2. 具备完成试验仪器的操作及维护的能力； 3. 具有对测试数据进行整理的能力

附录 F

土工试验室仪器设备配置表

（规范性）

土工试验室仪器设备配置要求见表 F.1 所列。

表 F.1　土工试验室仪器设备配置表

序号	类别	编号	仪器名称	必配		选配	
				一类	二类	一类	二类
1	土样试验	1.1	中低压固结仪	√	√		
		1.2	高压固结仪	√	√		
		1.3	应变控制式三轴仪（静）	√	√		
		1.4	电动四联等应变直剪仪	√	√		
		1.5	单杠杆固结仪（用于膨胀土）	√	√		
		1.6	电热恒温鼓风干燥箱	√	√		
		1.7	液塑限测定仪	√	√		
		1.8	颗粒分析	√	√		
		1.9	精密电子天平	√	√		
		1.10	渗透仪	√	√		
		1.11	箱式电阻炉	√			√
		1.12	无侧限抗压强度仪	√			√
		1.13	击实仪（重型）	√			√
		1.14	静止侧压力 K_0 试验仪或模块	√			√

序号	类别	编号	仪器名称	必配		选配	
				一类	二类	一类	二类
2	岩石试验	2.1	压力试验机或万能材料试验机	√			√
		2.2	游标卡尺			√	√
		2.3	切割机、磨石机	√			√
		2.4	岩石三轴仪			√	√
		2.5	点荷载试验仪	√			√
		2.6	电热恒温干燥箱			√	√
3	水质分析试验	3.1	精密电子天平	√			√
		3.2	玻璃器具	√			√
		3.3	pH计	√			√
		3.4	电动振荡器	√			√
		3.5	电导率仪	√			√
		3.6	电动磁力搅拌器	√			√
		3.7	水浴锅	√			√
		3.8	多品种分光光度计	√			√
		3.9	离心机	√			√

注：表中的必配列"√"对应仪器为开展该类试验必须配置的仪器，选配列"√"对应的为可选配置的仪器。

附录 G

土工试验送样表单（外委试验委托书）

（资料性）

土工试验送样表单（外委试验委托书）样式见表 G.1 所列。

表 G.1 土工试验送样表单（外委试验委托书）

工程名称

编号

编号：

共　页　第　页

取样日期		试样编号	取样深度/m		野外定名（颜色、名称）	试样类型			送样日期					要求提交报告日期									外委：是□ 否□	
月	日		自	止		原状土	扰动土	岩水	1	2		3						4	5	6	7		8	9	10	11	12
									土常规	压缩		剪切					膨胀性	渗透性	有机质	岩石强度		水质分析	击实			
										常压	高压	直剪		三轴						天然	饱和					
												快剪	固快	快剪	固快	慢剪										

(续表)

外委：是□ 否□

工程名称								送样日期		要求提交报告日期		收样日期	
编号													

取样日期		试样编号	取样深度(m)		野外定名（颜色、名称）	试样类型				1	2		3							4	5	6	7		8	9	10	11	12
月	日		自	止		原状土	扰动土	水	岩	土常规	压缩		剪切							膨胀性	渗透性	有机质	岩石强度		水质分析	击实			
											常压	高压	直剪			三轴						天然	饱和					
													快剪	固结快剪	慢剪	快剪	固结快剪	慢剪										

项目负责人：　　　　送样人签字：　　　　送样人联系方式：

收样人签字：　　　　收样日期：

外委签署	委托方（盖章）：　　　　受委托方（盖章）：	备注：
	负责人（签字）：　　　　负责人（签字）：	

说明：①土常规试验指标包括含水率、密度、比重、液塑限（针对黏性土、粉土）、颗粒分析（针对粉土、砂土、碎石类土）；②试验项目中空格位置可填写其他需要试验项目；③要试验的项目在相应栏目中打"√"；④所送试样由送样人与收样人交接核实；⑤本单一式两份，送收样方各一份。

标准用词说明

1 为便于在执行本标准条文时区别对待，对要求严格程度不同的用词说明如下：

　　1）表示很严格，非这样做不可的用词：

　　正面词采用"必须"；反面词采用"严禁"。

　　2）表示严格，在正常情况下均应这样做的用词：

　　正面词采用"应"；反面词采用"不应"或"不得"。

　　3）表示允许稍有选择，在条件许可时首先应这样做的用词：

　　正面词采用"宜"；反面词采用"不宜"。

　　4）表示有选择，在一定条件下可以这样做的，全面采用"可"。

2 标准中指明应按其他有关标准、规范或其他规定执行时，写法为"应符合……的规定"或"应按……执行"。非必须按所指明的标准、规范或其他规定执行时，写法为"可参照……。

引用标准名录

本标准引用下列规范、标准。其中，注日期的，仅对该日期对应的版本适用本标准；不注日期的，其最新版本适用于本标准。

《工程勘察资质标准》（建市〔2013〕9 号）

《工程勘察通用规范》（GB 55017）

《岩土工程勘察规范》（GB 50021）

《土工试验方法标准》（GB/T 50123）

《工程岩体试验方法标准》（GB/T 50266）

《工程地质手册》

《检验检测机构资质认定能力评价 检验检测机构通用要求》（RB/T 214）

《岩土工程仪器基本参数及通用技术条件》（GB/T 15406）

《危险化学品生产装置和储存设施风险基准》（GB 36894）

《检验检疫试验室管理 第 5 部分：危险化学品安全管理指南》（SN/T 2294.5）

《建设工程声像信息服务规范》（DB34/T 3324）

安徽省土木建筑学会标准

工程勘察土工试验室建设与管理标准
T/CASA 0008—2022

条文说明

制 定 说 明

　　为便于有关人员在使用本标准时能正确理解和执行条文规定，编制组按章、节、条顺序编制了本标准的条文说明，对条文规定的目的、依据以及执行中需要注意的有关事项进行了说明。但是，本条文说明不具备与标准正文同等的法律效力，仅供使用者作为理解和把握条文规定的参考。

目　次

1 总 则

1.0.1 本条是编制本标准的宗旨和原则。国务院《建设工程勘察设计管理条例》（国务院令第 293 号）、住房和城乡建设部《建设工程勘察质量管理办法》（住房和城乡建设部令第 53 号）、《安徽省建设工程勘察设计管理办法》（安徽省人民政府令第 310 号）以及安徽省住建厅《关于加强房屋建筑和市政工程勘察设计质量安全管理的通知》（建标函〔2022〕437 号）等文件，皆对落实建设工程质量主体责任、保证工程勘察质量做出了规定。而强化土工试验过程的质量控制，保证土工试验成果的准确可靠，是确保勘察成果质量的关键环节，因此，工程勘察的土工试验室建设与管理是否科学、规范、可靠就至关重要。为加强对建设工程勘察质量管理，规范工程勘察土工试验室建设，保障安徽省建设工程的勘察质量，结合安徽省的土工试验室建设和管理经验与现状，制定本标准。

　　本标准旨在通过规范土工试验室规模、仪器设备和人员的配备、过程质量控制、管理制度的落实以及档案和信息化的管理，达到强化土工试验过程的质量控制，保证土工试验成果准确可靠的目的。同时，可以进一步提高安徽省工程勘察土工试验室的规范建设和土工试验的质量管理水平，形成完善的建设和管理体系，以提升安徽省工程勘察整体质量，为保证建设工程质量安全奠定坚实的基础。

1.0.2 本条规定了本标准的适用范围。作为团体性标准，适用于安徽省行政区域内涉及房屋建筑和市政基础设施工程勘察的土工试验室建设及相关管理活动。

2 术 语

本章中给出的 9 个术语,是本标准有关章节中所引用的,是从本标准的角度赋予其含义的,主要是说明本术语所指内容的含义。

2.0.1 土工试验分室内试验和原位测试(现场勘察测试)两类。当地基土壤不易采取试样和不宜作室内试验时,进行原位测试。本标准所称土工试验,是泛指从事建设工程勘察业务需完成的岩、土、水室内试验工作,涉及试验流程管理中的各主要要素,包括管理制度、人员上岗、仪器设备、试验环境、原始资料和试验报告等。

2.0.2 本标准的土工试验室是指在安徽省范围内依据相关标准或者技术规范,利用仪器设备、环境设施等技术条件和专业技能,从事土工试验的专业技术组织,包括依法设立的从事土工试验检验检测机构或勘察企业的土工试验测试部门。

2.0.3~2.0.4 本术语引自于国家质量监督检验检疫总局发布的中华人民共和国国家计量技术规范《通用计量术语及定义》(JJF1001—2011)。无论是"检定"还是"校准"都是针对仪器设备量值溯源的一种有效方法和手段,都是为实现量值的溯源性,确保量值准确可靠,但二者有本质的区别,不能混淆。

2.0.5 本标准中的原始记录主要包括试验过程中,客观、真实地记录试验环境、方法确认、设备、样品和质量监控等技术信息所形成的文件。

2.0.6 本术语中的影像资料是专指在土工试验过程为留下客观、真实的试验痕迹,通过拍照和摄像等手段采集并储存试验过程的信息资料。

2.0.7 影像留存是住房和城乡建设部《建设工程勘察质量管理办法》（住房和城乡建设部令第53号）中的要求，是作为备查资料来核查勘察企业是否履行了质量责任和义务。本术语中的影像留存是专指记录室内土工试验主要过程的影像资料。

2.0.8 采用信息化手段，实时采集、记录、存储工程勘察数据是住房和城乡建设部《建设工程勘察质量管理办法》（住房和城乡建设部令第53号）中对工程勘察企业的要求。目前已经建立的合肥市绿色建筑与勘察设计质量信息化管理平台通过与监控设备的对接并实时上传，正是勘察信息化管理平台的体现。

2.0.9 本术语中的试验档案不仅包括单个项目土工试验过程的档案资料，还包括人员档案资料、仪器设备档案资料、管理制度资料以及政策、法令、文件、法规和规定以及试验依据标准资料等。

3 基本规定

3.0.1 在安徽省内从事工程勘察土工试验应遵守国家法律法规以及职业道德，公正、诚信地开展工作，确保试验数据、结果的真实性、客观性、准确性和可追溯性。

3.0.2 在安徽省内从事工程勘察，其土工试验必须具备有固定的试验场所和环境条件，配备与试验工作量相适的人员、仪器设备，并保证试验各要素满足试验工作需要。

3.0.3 依据《房屋建筑和市政基础设施工程勘察文件编制深度规定》(2020年版)第2.0.6条第6款"当测试、试验项目委托其他单位完成时，受委托单位提交的成果应有该单位公章及责任人签章"的规定以及安徽省土工试验室现状，本标准要求对外承接土工试验业务必须取得岩土工程（勘察）甲级及以上资质，其提交的成果应有单位公章和责任人签章，并对试验成果负责。

3.0.4 考虑试样试验成果可靠性及准确度，在安徽省内开展岩土工程勘察业务的外省市勘察企业应在安徽省建立土工试验室，若条件尚不具备也可委托本地有资格的土工试验室承担土工试验工作，但不建议长途送母试验室。

3.0.6 土工试验所采用的技术标准或规范应优先使用标准方法，并确保使用的方法标准为有效版本，以保证试验数据的有效性。如果委托方采用非标准或其他特殊方法时，试验室应在试验委托书（或送样单）和成果报告中予以说明。

3.0.7 本条是对土工试验专职人员的资格和能力要求。依据住房和城乡建设部《建设工程勘察质量管理办法》（住房和城乡建设部令第53号）第十六条"司钻员、描述员、土工试验员等人员应当按照有关规定接受安全生产、职业道德、理论知识和操作技能等方面的专业培训"的规定，作为工程勘察关键岗位的土工试验员应接受专业培训，取得从业资格证书，方能上岗。而为了不断地增强专业技术能力则需定期接受继续教育。

3.0.8 土工试验所用的仪器设备，应满足试验工作需要，包括试验仪器、取样设具、样品制备工具、数据处理与分析设备等。所用仪器设备的技术指标和功能应满足试验要求，并保存检定或校准的相关资料或记录。

3.0.9 当土工试验利用自动化仪器设备进行数据采集、处理时，使用前应对计算机软件的适用性进行确认，并有保持数据完整性和正确性的程序，以保证试验过程中数据的有效性和真实性。

3.0.10 土工试验原始记录应在试验数据产生时予以记录，包含充分的信息，手工资料处理及计算机软件处理应准确，在尽可能接近原始条件情况下能够重复。试验室应准确、清晰、明确和客观地出具试验成果，完善校审及签章。

3.0.11 本条是对土工试验主要试验过程的记录方式做出要求。依据住房和城乡建设部《建设工程勘察质量管理办法》（住房和城乡建设部令第53号）第十四条"钻探、取样、原位测试、室内试验等主要过程的影像资料应当留存备查"的规定，土工试验的主要过程应进行全程摄像，建立视频记录，并作为档案资料留存。同时也是逐步在提升试验室操作的规范化、标准化和信息化应用水平。

3.0.12 本条是深入贯彻落实《国务院办公厅关于促进建筑业持续健康发展的意见》（国办发〔2017〕19号）和住房城乡建设部《关于

印发〈工程质量安全提升行动方案〉的通知》（建质〔2017〕57号）的要求，土工试验工作应不断提升自动化、标准化及信息化水平。

3.0.13 试验废弃物应按相关规定处置。处理试验废弃物时要考虑废弃物对环境的污染、卫生等要求，应定点堆放，及时清运，并符合相关存放及处置的管理规定。

安全第一，预防为主。在土工试验过程中，应做到安全用电，规范仪器设备操作，做好化学试剂的使用、存贮、处置，落实通风防尘等有效措施，严防安全事故的发生。

3.0.14 在土工试验过程中，应保护试样委托方秘密和所有权，应对在试验过程中所知悉的国家秘密、商业秘密和技术秘密等负有保密义务。

3.0.15 日常试验过程中，土工试验室应通过能力验证、试验时间或试验人员间的比对等方式及时有效地进行质量监督控制，有效监控试验成果的稳定性和准确性，控制试验结果的偏离。

3.0.16 相关行业部门在进行勘察质量检查时，可参考本条执行；土工试验室有义务和责任积极配合相关行业部门对土工试验质量的检查工作，及时提供相关资料。

4 试验室建设

4.1 分类及建设

4.1.1 不论是勘察企业自身设置的土工试验室还是检测类的市场化的土工试验室，因为土工试验室的场地规模、所配备的技术人员、所配备的仪器设备以及是否具有对外承接土工试验业务的相应资质等不同，都应进行分类，以便于量化管理。

4.1.2 通过对安徽省行政区域现有土工试验室场地规模、所配备的技术人员、所配备的仪器设备等调研，并考虑行政管理要求、行业监管要求以及适当提高自动化水平，制定附录 A《工程勘察土工试验室建设分类标准明细表》。

土工试验室设一类、二类两个类别，不同类别的土工试验室应满足其相应要求。

4.1.3 本条是针对不同类别的土工试验室在承担本企业工程勘察项目土工试验业务的情况下能否对外承接土工试验业务做出的规定。二类土工试验室只可承担本企业工程勘察项目的土工试验业务；一类土工试验室除可承担本企业工程勘察项目的土工试验业务外，尚可以对外承接其资质许可范围内的土工试验业务，但必须遵从项目所在地的规定，若项目所在地要求对外承接土工试验业务需具有CMA 计量认证，则从其规定。

4.1.4～4.1.5 这两条分别对不同类别的土工试验室开展勘察土工

试验业务的标准、承接土工试验业务的许可范围、工程勘察土工试验条件、工程勘察资质级别、不同岗位技术人员的要求做出界定。

土工试验工作属于一项技能型岗位，不仅需要一定的理论知识更要有实际经验，不论是对试样的鉴别制作上还是操作仪器设备上，要求动手能力非常强。因此作为技术负责人不仅要求有学历、职称，还要求具有多年从事土试工作的经验。同样专职试验人员也要有一定的工作年限，若从事试验操作则需持证上岗。

4.2　检查验收

4.2.1　本条给出了土工试验室资格申请的必要条件。考虑本省的实际情况以及进行分类的出发点，只有具备岩土工程（勘察）资质的企业，才有资格申请土工试验室。

4.2.2～4.2.3　这两条是针对土工试验室建设是否达到标准进行如何检查验收及投入使用的规定。通过制定分类管理标准，界定不同类别土工试验室建设的各要素，再根据量化的标准进行检查与验收，只有经验收合格并取得土工试验室资格类别证书和土工试验成果专用章，方可开展工程勘察土工试验业务。具体程序：勘察企业按照附录 A《工程勘察土工试验室建设分类标准明细表》的要求建设土工试验室—自检合格—勘察企业按照附录 B 填写申请表向安徽省土木建筑学会提出申请—安徽省土木建筑学会组织专家检查验收—验收合格—安徽省土木建筑学会发文认定合格—勘察企业取得附录 C 土工试验室资格类别证书和附录 D 土工试验成果专用章—土工试验室投入使用。

5 人员

5.1 一般规定

5.1.1~5.1.2 这两条是对土工试验室人员配备的要求。土工试验室应合理配备管理人员和技术人员，明确岗位要求，技术人员应具备土工试验所需的理论基础、工作经历、操作能力，人员数量和技术能力应满足土工试验的岗位需要。

5.1.3 本条是对土工试验室人员职业道德的要求。土工试验人员应公正、诚信地从事试验工作，应能独立开展试验工作，不会受到不正当的压力和影响，确保不存在影响公平公正的关系。

5.1.4 通过对土工试验人员的要求、行政管理的要求分析以及本省土工试验室人员配置情况的调查，土工试验室须满足附录E《土工试验室人员资历与能力要求表》的要求才能在本省正常开展基本的土工试验工作。

5.2 岗位职责

5.2 土工试验室主要人员按试验工作的岗位进行分类，若试验室规模较大，试验专业齐全，亦可增设专业技术负责人。5.2.1~5.2.4分别对土工试验室主要人员包括负责人、技术负责人、校核人员、专职试验人员的各岗位职责做出规定。本标准中所列职责是为基本职责，土工试验室可根据自身需要，合理设置岗位并确定其职责，并不局限于本标准所列的岗位职责。

5.3 人员能力

5.3 为保证土工试验的正常开展及土工试验质量，5.3.1～5.3.4分别对土工试验室主要人员包括负责人、技术负责人、校核人员、专职试验人员的能力做出规定，应满足本标准相关岗位的基本能力要求，但并不局限于本标准所列的能力。

关于土工试验室各岗位人员的学历、职称、工作经验等的要求本节为通用规定，具体到不同岗位人员的认定上，尚应遵照第 4.1.4条及第 4.1.5 条的规定。

6 仪器设备和环境

6.1 一般规定

6.1.1 土工试验所用的仪器设备，应满足试验工作需要，仪器设备的技术指标和功能应满足相关法律法规、技术规范或标准的要求。

6.1.2 仪器设备的技术指标和功能应满足试验工作的技术要求及精度要求，仪器设备的状态标识清晰，易于识别。

6.1.3 土工试验室应具备满足土工试验所需要的固定场所，并按土工试验标准方法、技术规范和程序，合理设置开样区、试验区、留样区、办公区，集中设置且相对独立；开样区、试验区尚应符合试验环境要求。

6.1.4 通过对土工试验技术标准中关于仪器设备的要求、行政管理的要求分析以及安徽省土工试验室的仪器设备配置情况的调查，满足本标准附录F《土工试验室仪器设备配置表》的要求才能在安徽省正常开展土工试验工作。配置表中的仪器设备为本地区进行土工试验所应具备的，也是常规的，用于特殊性试验的仪器设备由于不常用，不在配置表中列入。

6.2 仪器设备

6.2 本节针对土工试验室所配备仪器设备的要求做出规定，这些规定是基本的，日常工作中必须满足。若本企业的体系认证中有特别要求，尚应从其规定。

6.3 环 境

6.3.1~6.3.6 这几条都是针对土工试验室应达到的环境条件做出的规定，这些规定是基本的，在土工试验室建设时与日常管理中必须满足。若本企业的体系认证中有特别要求，尚应从其规定。

6.3.7 土工试验室的土样试验环境要求须包含本条规定的内容，同时不局限于本标准所列的要求。

6.3.8 土工试验室的岩石试验环境要求须包含本条规定的内容，同时不局限于本标准所列的要求。

6.3.9 土工试验室的水质分析试验环境要求须包含本条规定的内容，同时不局限于本标准所列的要求。

7 过程质量控制

7.1 一般规定

7.1.1 土工试验过程质量控制方式包括试验抽查、样品重复分析、样品加标分析等，可根据试验技术要求选用适当的方法并加以评价。

7.1.2 鉴于科技的不断进步以及仪器设备自动化程度的不断提高，使用质量可靠的具有自动记录功能的仪器设备，既可以提高工作效率又可以减少人为误差，从而提高试验成果质量。有条件的企业应加以推广应用。

7.1.3 本条是针对岩土试样如何进行试验做出规定，试验项目及方法应根据设计任务书的要求与勘察应达到的目的等进行确定。

7.2 试样接收和保管

7.2.1 本标准涉及的土工试验过程指样品接收至完成试验提交试验成果的过程，不包括勘察外业过程的取样、样品保管等过程。样品的接收应取得尽可能多的信息，并办理完整的交接手续。本条中所列要求为样品接收要求的基本内容，实际接收工作要求不局限于本标准所列的要求。

本标准附录 G《土工试验送样表单（外委试验委托书）》实际包含两种表单，若为本企业内部委托，按送样表单格式填写；若为外单位委托，则按外委试验委托书格式填写。

7.2.2 本条关于试样的存放要求在参照现行《岩土工程勘察规范》《土工试验方法标准》《工程岩体试验方法标准》等相关规范、标准的基础上结合本地区实际确定。鉴于省内路途较近且交通便利，岩土试样采取之后到开土试验之间的贮存时间，最迟不应超过两周；对于易振动液化、水分离析的砂土试样及易于扰动的软土，最迟不应超过一周；有条件的应随取随送随试验。

7.3 试 验

7.3.2 试验过程填写的记录包括书面记录与电子记录。

7.3.4 本条关于试样的留存及处置要求在参照现行《岩土工程勘察规范》《土工试验方法标准》《工程岩体试验方法标准》等相关规范、标准的基础上结合本地区实际确定。留样的数量要求是基于既可查询又可进行基本判断；保存的期限要求是来源于现行《土工试验方法标准》的规定。

7.4 试验成果

7.4.1~7.4.2 试验成果的试验人、校核人和技术负责人应签字齐全，对外出具的报告应符合现行《检验检测机构资质认定能力评价检验检测机构通用要求》。

7.4.3 试验成果中试验测试数据应采用法定的计量单位。

7.4.4 对外出具的报告应加单位公章及资质认定标识章。内部使用的试验成果不做标识章要求。

8 管理制度

8.0.1 为使土工试验过程有效运行,土工试验室必须系统地识别和管理许多相互关联和相互作用的过程,使土工试验室能够对体系中相互关联和相互依赖的过程进行有效控制,有助于提高其效率,并根据运行情况及时改进。

8.0.2 为保证土工试验室规范建设和土工试验的工作质量,土工试验室应将与试验工作相关的要求、程序、计划等制定完善的管理制度,包括组织管理制度、人员管理制度、行为规范制度、设备管理制度、使用程序流程制度、试验管理制度、环境安全管理制度、特殊物品管理制度、文件管理制度及更新管理制度等。土工试验管理制度应尽可能地覆盖与试验相关的各要素,排除或有效降低影响试验结果准确性的干扰,实现减少误差的目的,同时不断加以改进。

本标准中所列的制度为土工试验室的基本制度,土工试验室可根据需要建立相适应的管理制度,不局限于本标准所列的制度。

8.0.3 土工试验室应保证能独立开展土工试验工作,确保试验数据、结果的真实性、客观性、准确性和可追溯性,以保障土工试验过程处于可控状态,因此,应制定组织管理制度。

8.0.4 土工试验室的技术人员和管理人员应落实岗位职责、提升技术能力和职业素养,以满足工作岗位、工作范围和工作量的需要。因此,应制定人员管理制度。

8.0.5 土工试验室的技术人员和管理人员应严格遵守工作程序和职业道德,抵制干扰,以保证试验测试数据的真实性和判断的独立性。因此，应制定行为规范制度。

8.0.6 土工试验室应经常性地开展土工试验仪器设备维护以及期间核查，以满足土工试验工作要求。因此，应制定设备管理制度。

8.0.7 土工试验室应有完备的仪器设备使用程序和操作流程，以规范仪器设备的使用与操作。因此，应制定设备使用程序流程制度。

8.0.8 土工试验室应规范样品管理、方法确认、试验工作控制、试验质量控制等，以满足土工试验的质量技术要求。因此，应制定试验管理制度。

8.0.9 土工试验室应确保试验环境卫生和试验过程的安全可靠，以满足土工试验的环境和安全要求。因此，应制定环境安全管理制度。

8.0.10 土工试验室应严格化学危险物品、易燃易爆物品、剧毒物品等特殊物品的存放保管、领用与使用、报废处理、废弃溶剂与废渣收集排放，以保障人员、财产和环境的安全。因此，应制定特殊物品管理制度。

8.0.11 土工试验室应具有齐全、完整的各类文档资料，以备查询和追溯。因此，应制定文件管理制度。

8.0.12 土工试验室应时刻关注与土工试验有关的政策、法令、文件、法规和规定以及试验技术标准等，以满足试验工作依据的要求。因此，应制定更新管理制度。

9 信息化

9.0.1 鉴于目前试验设备中的固结仪、三轴仪和四联直剪仪已具有自动数据采集功能，因此，为提高土工试验室的自动化水平，提升工作效率，土工试验室配置的以上三种试验设备宜具有自动数据采集功能，而对一类试验室应当配置。

9.0.2 为提升土工试验室的综合管理水平，鼓励土工试验室对试样采用信息化管理，如建立样品二维码等，以促进行业的现代化发展。

9.0.3～9.0.6 该几条是执行住房和城乡建设部《建设工程勘察质量管理办法》（住房和城乡建设部令第 53 号）第十四条"钻探、取样、原位测试、室内试验等主要过程的影像资料应当留存备查。"及"鼓励工程勘察企业采用信息化手段，实时采集、记录、存储工程勘察数据"的规定，要求土工试验室应安装视频监控设备以及建立土工试验监管 App，既对主要试验过程进行记录和保存，又对相关信息、原始数据在当地工程勘察信息化管理平台上报备与上传，以保证试验数据的真实可靠及可追溯。

10 档 案

10 根据住房和城乡建设部《建设工程勘察质量管理办法》（住房和城乡建设部令第53号）第十七条"工程勘察企业应当建立工程勘察档案管理制度。工程勘察企业应当在勘察报告提交建设单位后20日内将工程勘察文件和勘探、试验、测试原始记录及成果、质量安全管理记录归档保存。归档资料应当经项目负责人签字确认，保存期限应当不少于工程的设计使用年限。国家鼓励工程勘察企业推进传统载体档案数字化。电子档案与传统载体档案具有同等效力"的规定，土工试验室应建立健全档案资料文件，并指定专人或兼职人员负责。包括并不限于人员档案资料、仪器设备档案资料、项目存档资料等，同时严格遵守相关保密规定。